Insectos en tu

VEO MARIPOSAS

por Genevieve Nilsen

TABLA DE CONTENIDO

Veo mariposas 2

Repaso de palabras 16

Índice 16

VEO MARIPOSAS

Veo mariposas.

Esta es roja.

anaranjada

Esta es anaranjada.

Esta es amarilla.

verde

Esta es verde.

azul

Esta es azul.

Esta es morada.

REPASO DE PALABRAS

amarilla

anaranjada

azul

morada

roja

verde

ÍNDICE

amarilla 9

anaranjada 7

azul 13

morada 15

roja 5

verde 11